爱上科学

123456789

My Path to Math

我的数学之路
数学思维启蒙全书

第 **1** 辑

分数 | 比较分数 | 百分数

■ [美] 保罗·查林（Paul Challen） 等 著

阿尔法派工作室 李婷 译

人民邮电出版社
北京

版权声明

目 录
CONTENTS

分数

3

比较分数

4

百分数

5

分数

午餐时间

　　到吃午饭的时间了，妈妈说要做水果沙拉。她会帮我们切水果。

　　妈妈把水果切成同样大小的小块，这使得沙拉吃起来更方便。同样大小的水果块被称作**等份**。

我们在厨房中运用数学。

等份

等份意味着大小是相同的。你可以用不同的方法制造等份。

共享一个苹果的两个人需要两等份，他们每个人得到相同**数量**的苹果。共享一个橙子的六个人得到六等份。每一份是整体的一等份。

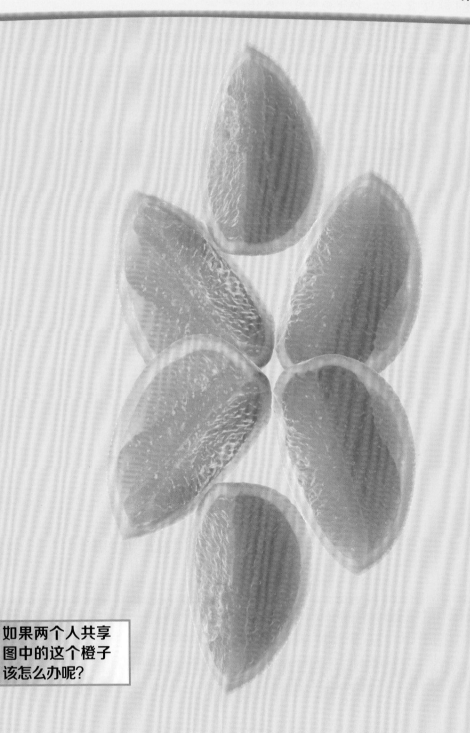

如果两个人共享
图中的这个橙子
该怎么办呢？

二分之一

　　二分之一是两等份中的一份。如果我们把两等份放到一起，我们就有了一整个。

　　把一个西瓜切成两半，这样就得到了两等份。每等份被称作二分之一。二分之一写作：$\frac{1}{2}$。

整个

拓展

　　在分数中，分数线下面的数字表示整体由几等份组成，分数线上面的数字表示你有几等份。

$\dfrac{1}{2}$

二分之一

试着写出二分之一的
分数。

三分之一

　　三等份中的一份就是**三分之一**。下图是一整碗**椰蓉**，我们要把它**分**成三等份。

　　我们把每一份写成**分数**：$\frac{1}{3}$。分数线下面的数字表示整体由几等份组成：3。分数线上面的数字表示有几等份：1。$\frac{1}{3}$ 表示的就是将整体分为三等份后其中的一份。

拓展

　　找出一个量杯。练习量出量杯的 $\frac{1}{3}$。

圆圈中的量就是整体
的三分之一。

三分之二

我们要把图中这些石榴籽分成三等份。每一等份是整体的三分之一。在沙拉中我们要用其中两等份，写成分数就是：$\frac{2}{3}$。

在分数中，分数线上面的数字表示你有几等份：2。注意：并不是所有分数线上面的数字都是1。

圆圈中的量就是石榴籽
的三分之二。

四分之一

妈妈把一个猕猴桃切成了四等份，她创造了**四分之一**。四分之一个猕猴桃非常适合一口吃下去。

我们把四分之一写作：$\dfrac{1}{4}$。分数线上面的数字表示我们有几等份：1；分数线下面的数字表示整体由几等份组成：4。

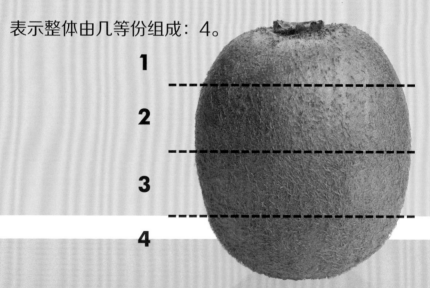

（注意：图中并非完全均分，仅为示意。）

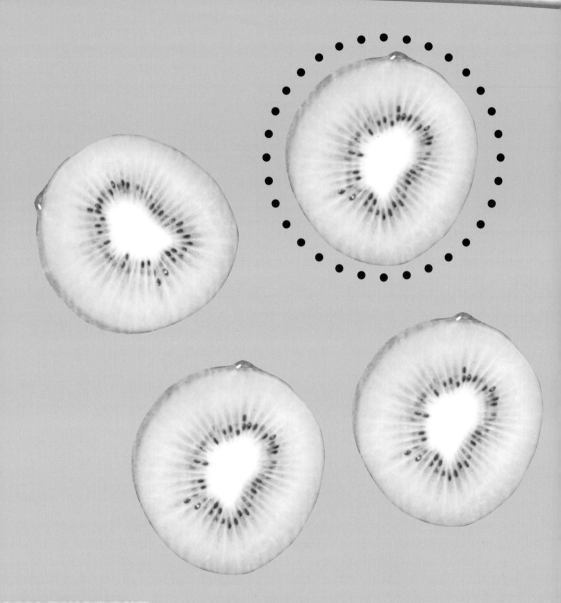

圆圈中的猕猴桃就
是一个猕猴桃的四
分之一。

更多个四分之一

我们可以把一个事物分成四等份，把每一等份称作四分之一。四个事物中的每一个也被称作四分之一；四个事物中的两个事物被称作四分之二或二分之一；四个事物中的三个事物被称作四分之三。

圆圈中的草莓就是这组草莓的四分之二，四分之二也是二分之一。

不同大小

想想一个橙子的 $\frac{1}{2}$、$\frac{1}{3}$ 和 $\frac{1}{4}$，它们是三种不同的大小。哪一个最大？

看一下分数线下面的数字。你切的块数越多，每一块就越小。分数中下面的数字越大意味着等分成的每一块越小。所以，$\frac{1}{2}$ 是最大的一块。

（注意：图中并非完全均分，仅为示意。）

$\dfrac{1}{2}$

$\dfrac{1}{3}$

$\dfrac{1}{4}$

哪张图片上的橙子块是最小的？

沙拉做好了

　　妈妈终于把沙拉做好了！她在3个同样大小的碗里盛上了同样的数量。那个分数是什么？

　　想想你所学的知识。她创造了三等份。如果我拿到一碗，我就拿到$\frac{1}{3}$。耶！

拓展

　　想象，如果妈妈用了4个同样的碗盛沙拉，一碗沙拉要用哪个分数表示？

在这张图片中，谁拿到了
最大份的沙拉？

术 语

数量（amount） 事物的多少。

椰蓉（desiccated coconut） 椰子的果肉晾干后制成的碎屑。

等份（equal part） 一个事物或一组事物被等分成同样大小或数量的几部分，每一部分就是一等份。

四分之一（fourth） 四等份中的一份。

分数（fraction） 把一个整体或一个组合分成若干等份，表示其中一份或几份的数。

二分之一（half） 两等份中的一份。

猕猴桃（kiwi） 棕色的、毛茸茸的、内含甜甜的绿色果肉的一种水果。

石榴（pomegranate） 圆圆的、暗红色的、内含甜甜的红色果实的一种水果。

分（split） 划分或切成块。

三分之一（third） 三等份中的一份。

分数是什么

梅森、特里斯特拉姆和索菲娅分享一张比萨，这张比萨被平均切成了8块。每个人想要数量不同的比萨块，索菲娅建议用分数来解决分比萨的问题。

把一个整体平均分成若干份后，表示其中的一份或几份的数就是**分数**。分数由一条线（分数线）及被这条线分隔开的两个数字（分母和分子）组成。她画了一张被平均分成8块的比萨，并标出其中一块是整张比萨的$\frac{1}{8}$。

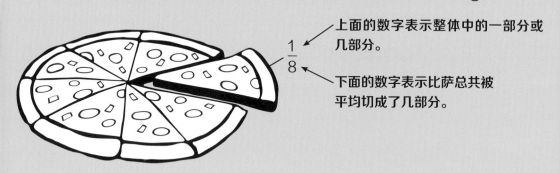

上面的数字表示整体中的一部分或几部分。

$\frac{1}{8}$

下面的数字表示比萨总共被平均切成了几部分。

拓展

写出表示拿走的块数的分数。

分数表示整体被平均分成
一部分或几部分。

$\frac{1}{8}$
$\frac{1}{8}$
$\frac{1}{8}$
$\frac{1}{8}$
$\frac{1}{8}$
$\frac{1}{8}$
$\frac{1}{8}$
$\frac{1}{8}$

31

分子和分母

特里斯特拉姆在一张纸上写下分数 $\frac{3}{8}$。分数线上面的数字为**分子**，分数线下面的数字为**分母**。

他解释说分子3表示他想要的比萨块数，分母8表示整个比萨被平均分成的总块数。

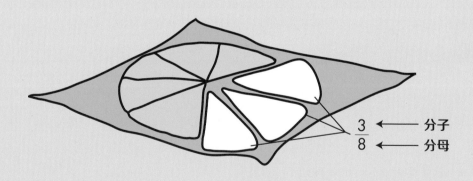

$$\frac{3}{8}$$ ← 分子
← 分母

*记住：分母是分数线下面的数字！

特里斯特拉姆想要3块比萨。	$\dfrac{3}{8}$	
梅森想要4块比萨。	$\dfrac{4}{8}$	
仅仅给索菲娅剩下1块比萨。	$\dfrac{1}{8}$	

拓 展

一整张比萨被平均切成了6块，梅森拿了2块。写出表示梅森拿走的块数的分数。

单位分数

分子为1且分母是大于1的自然数的分数被称作**单位分数**。单位分数表示整体的几等份之一，分母表示整体总共有几部分。

$$\frac{1}{2} \quad \frac{1}{3} \quad \frac{1}{4} \quad \frac{1}{5} \quad \frac{1}{6}$$

单位分数

吃完比萨之后，朋友们决定分一个苹果吃。梅森的妈妈把苹果切成相等的4块，每一块是整个苹果的$\frac{1}{4}$。

在单位分数中，分母越大，分数值越小。例如，一个苹果的$\frac{1}{4}$比同一个苹果的$\frac{1}{6}$大。

$\frac{1}{4}$　　$\frac{1}{6}$

拓展

写出代表每个圆中阴影部分的单位分数。把这些单位分数按从小到大的顺序排列。

*记住：单位分数的分母越大，分数值越小。

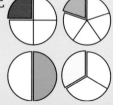

梅森使用蔬菜来表示单位分数。

（注意：图中并非完全均分，仅为示意。）

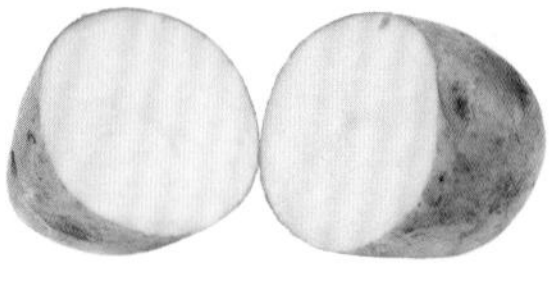

$\dfrac{1}{2}$

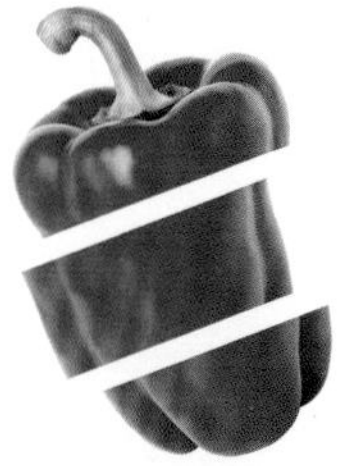

$\dfrac{1}{3}$

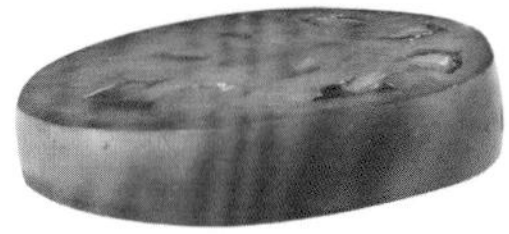

$\dfrac{1}{4}$

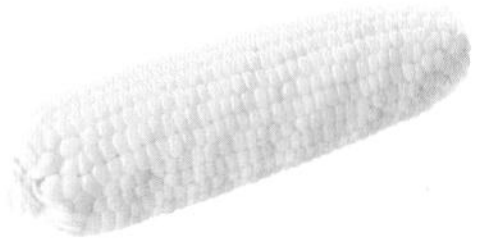

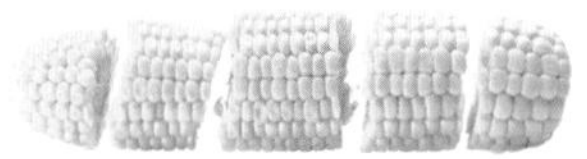

$\dfrac{1}{5}$

$\dfrac{1}{8}$

数轴上的分数

分数是整体的一部分，也是能被比较和排序的。你可以使用数轴来对分数进行比较和排序。

梅森把一个土豆平均切成2块，每一块代表土豆的 $\frac{1}{2}$。梅森想在数轴上表示这个分数，我们可以将整数标在数轴的上方，分数标在数轴的下方。

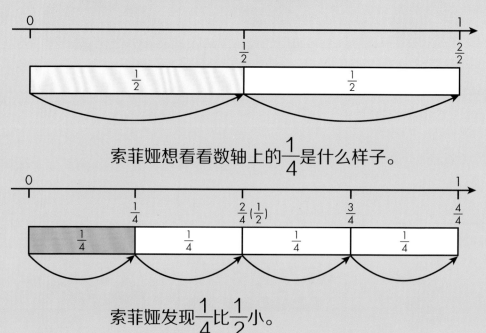

索菲娅想看看数轴上的 $\frac{1}{4}$ 是什么样子。

索菲娅发现 $\frac{1}{4}$ 比 $\frac{1}{2}$ 小。

特里斯特拉姆想在数轴上表示更多的分数。

分子表示阴影方块的数量。

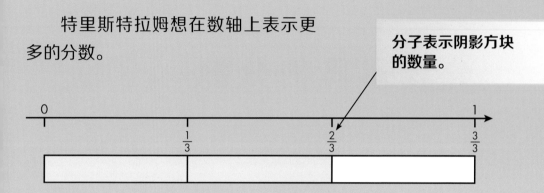

代表数轴下方的阴影部分的分数是多少？

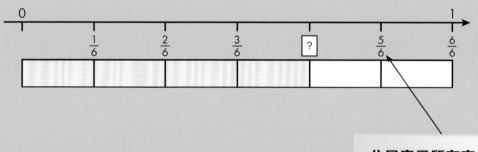

分母表示所有方块的总数。

拓展

巧克力被平均分成了8块，索菲娅需要其中6块来做巧克力蛋糕。画一条数轴并在上面标出表示索菲娅需要的巧克力块数的分数。

分母相同的分数

做巧克力蛋糕时，索菲娅打开了一盒鸡蛋，她想到可以用鸡蛋来比较分母相同的分数。每个盒子能容纳6颗同样大的鸡蛋，她把其中2颗鸡蛋放在一个盒子里，再把3颗鸡蛋放在另一个盒子里。

哪个盒子里的鸡蛋较多？哪个分数较大？分母相同的情况下，分子较大的分数的分数值较大。

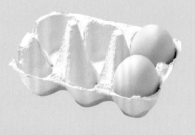

$\dfrac{2}{6}$

$\dfrac{3}{6}$

数轴有6个部分用分数表示,分母是6,分子随着阴影部分的增多而增大,请你写出问号的分数。哪个分数等于1?

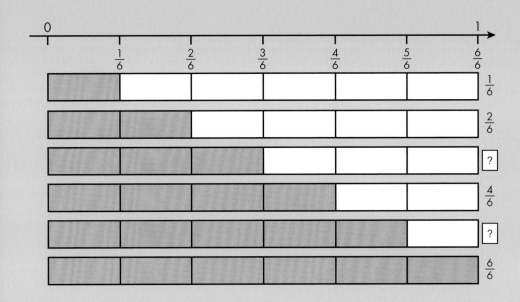

拓展

在一张纸上把这个数轴画出来并标出以下分数,再按从小到大的顺序将分数重新排列。

$$\frac{5}{8} \quad \frac{2}{8} \quad \frac{6}{8} \quad \frac{1}{8} \quad \frac{3}{8} \quad \frac{8}{8} \quad \frac{4}{8} \quad \frac{7}{8}$$

等价分数

等价分数虽然看起来不同，但它们数值相等。它们以不同的方式表示同样的数量。

特里斯特拉姆使用华夫饼来帮助梅森和索菲娅理解等价分数。特里斯特拉姆向他的朋友们展示 $\frac{1}{2}$ 等于 $\frac{2}{4}$。

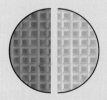

特里斯特拉姆将一张华夫饼平均切成2块。每块华夫饼是整张华夫饼的 $\frac{1}{2}$。

特里斯特拉姆将另一张同样大的华夫饼平均切成4块。每块华夫饼是整张华夫饼的 $\frac{1}{4}$，2块是 $\frac{2}{4}$。

特里斯特拉姆又向朋友展示 $\frac{4}{6}$ 等于 $\frac{2}{3}$。

特里斯特拉姆又将一张华夫饼平均切成6块。每块华夫饼是整张华夫饼的 $\frac{1}{6}$，4块是 $\frac{4}{6}$。

特里斯特拉姆最后又将一张华夫饼平均切成3块。每块华夫饼是整张华夫饼的 $\frac{1}{3}$，2块是 $\frac{2}{3}$。

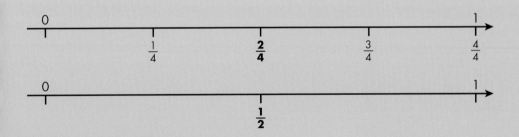

索菲娅画数轴来表现 $\frac{2}{4}$ 和 $\frac{1}{2}$ 是等价分数。她知道这两个分数是等价的，因为它们在数轴上可以用同一个点表示。

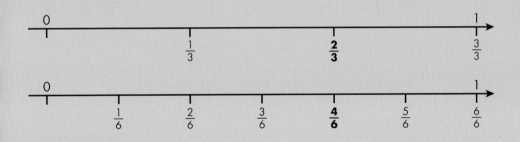

梅森开心地学习有关分数的知识，他学会了在数轴上来表现 $\frac{2}{3}$ 和 $\frac{4}{6}$ 是等价分数。

拓展

在一张纸上画4张华夫饼，给每张华夫饼涂色来表示下列的分数。比较涂色的部分，这些分数是等价的吗？

$$\frac{1}{3} \qquad \frac{4}{8} \qquad \frac{3}{4} \qquad \frac{3}{6}$$

41

比较分数

索菲娅和梅森各做了一个生日蛋糕，这两个蛋糕一模一样。他们分别切下各自蛋糕的1块。索菲娅切的一块占整个蛋糕的 $\frac{1}{3}$，梅森切的另一块占整个蛋糕的 $\frac{1}{4}$。

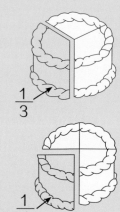

索菲娅画了2条数轴来展示如何比较这2块蛋糕。通过数轴可以看出，蛋糕的 $\frac{1}{3}$ **大于**蛋糕的 $\frac{1}{4}$。

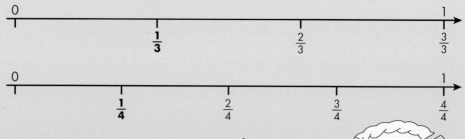

索菲娅比较了一个大蛋糕的 $\frac{1}{3}$ 和一个小蛋糕的 $\frac{1}{3}$。虽然每一块都是 $\frac{1}{3}$，但是它们不相等。所以，只有当分数来自同一个整体或同样大的整体时才能被直接比较。

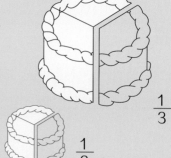

梅森想制作纸杯蛋糕，他需要$\frac{3}{4}$杯面粉和$\frac{1}{4}$杯坚果。这两个分数有相同的分母，代表相同的整体（1杯）。这两个分数很容易比较，分子较大的分数就是较大的分数。

梅森知道分子3比分子1大，他写出**算式**来比较分数。

比较数字或数量的方法	
符号	意义
<	小于
>	大于
=	等于

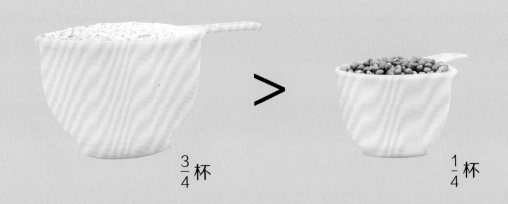

$\frac{3}{4}$杯 $\frac{1}{4}$杯

拓展

在方框内填入>、<或=来完成下列算式。你可以借助第49页的分数表来完成这些题目。

$\frac{1}{6}$ ☐ $\frac{1}{4}$ $\frac{1}{4}$ ☐ $\frac{3}{5}$ $\frac{5}{9}$ ☐ $\frac{2}{9}$

$\frac{5}{8}$ ☐ $\frac{5}{10}$ $\frac{7}{7}$ ☐ $\frac{6}{7}$ $\frac{2}{4}$ ☐ $\frac{1}{2}$

用分数表示的整数

整数包括所有自然数，例如0、1、2、3、4。特里斯特拉姆写下一个用分数表示的整数，这个分数的分子和分母相同。

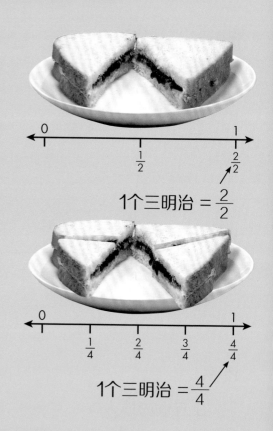

1个三明治 $= \frac{2}{2}$

一个三明治被平均切成了2块，另一个被平均切成了4块。特里斯特拉姆写下用分数表示的整数，即 $\frac{2}{2}$ 和 $\frac{4}{4}$。

1个三明治 $= \frac{4}{4}$

拓展

写下每个用分数表示的整数。

$1 = \frac{?}{6}$ $1 = \frac{?}{8}$ $1 = \frac{?}{3}$

当分数的分子和分母相同
时，这个分数等于1。

1个苹果 = $\dfrac{5}{5}$

1袋柠檬 = $\dfrac{4}{4}$

1个馅饼 = $\dfrac{6}{6}$

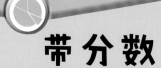

带分数

带分数由一个整数和一个**小于**1的分数组成。

特里斯特拉姆正在制作什锦杂果。他先称量原料，然后把葡萄干、香蕉片、杏干、木瓜干和其他原料放到了一起。

现在他需要加 $1\frac{1}{3}$ 杯麦片。他先称量了1杯麦片，又称量了 $\frac{1}{3}$ 杯麦片。

$1\frac{1}{3}$

正整数　　分数

带分数是一个正整数加上一个小于1的分数。

1

$\frac{1}{3}$ 杯

拓展

写出代表空方格中的带分数。

第一题的答案已给出。

| $\frac{1}{3}$ | $\frac{1}{3}$ | $\frac{1}{3}$ | + | $\frac{1}{3}$ | $\frac{1}{3}$ | $\frac{1}{3}$ | + | $\frac{1}{3}$ | = | $2\frac{1}{3}$ |

| $\frac{1}{4}$ | $\frac{1}{4}$ | $\frac{1}{4}$ | $\frac{1}{4}$ | + | $\frac{1}{4}$ | $\frac{1}{4}$ | $\frac{1}{4}$ | = | ? |

| $\frac{1}{2}$ | $\frac{1}{2}$ | + | $\frac{1}{2}$ | $\frac{1}{2}$ | + | $\frac{1}{2}$ | $\frac{1}{2}$ | + | $\frac{1}{2}$ | = | ? |

当我们比较两个带分数时，我们必须首先比较整数。如果一个带分数的整数比另一个带分数的整数小，那么这个带分数就小。

特里斯特拉姆有 $2\frac{1}{4}$ 杯的什锦杂果，梅森有 $3\frac{5}{8}$ 杯的什锦杂果。哪一个带分数更大？特里斯特拉姆先比较了整数。因为2比3小，所以他在两个分数之间写下"<"符号。

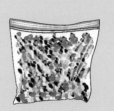

$2\frac{1}{4}$ 杯 $<$ $3\frac{5}{8}$ 杯

如果两个带分数的整数相同，你就需要比较分数部分。特里斯特拉姆有 $4\frac{3}{4}$ 杯的什锦杂果，梅森有 $4\frac{1}{3}$ 杯的什锦杂果。哪一个带分数较大？因为整数部分相同，而 $\frac{3}{4}$ 比 $\frac{1}{3}$ 大，所以他在两个分数之间写下">"符号。

$4\frac{3}{4}$ 杯 $>$ $4\frac{1}{3}$ 杯

拓展

在方框内填入 >、< 或 = 来完成每个算式。你也可以使用第49页上的分数表来帮助你。

$2\frac{1}{6}$ ☐ $1\frac{5}{6}$　　　$1\frac{1}{8}$ ☐ $2\frac{1}{8}$　　　$2\frac{1}{10}$ ☐ $1\frac{5}{8}$

$3\frac{1}{3}$ ☐ $3\frac{2}{3}$　　　$7\frac{3}{4}$ ☐ $7\frac{1}{4}$　　　$4\frac{1}{7}$ ☐ $2\frac{3}{7}$

术 语

分母（denominator） 分数线下面的数字。分母表示整体总共被平均分成几部分。

等价分数（eqivalent fraction） 表示相同关系的分数。

分数（fraction） 把一个整体平均分成若干份后，表示其中的一份或几份的数。

>（大于，greater than） 用来比较数字的数学符号，较大的数字在前。

<（小于，less than） 用来比较数字的数学符号，较小的数字在前。

带分数（mixed number） 由一个整数和一个小于1的分数组成的分数。

算式（number sentence） 使用数字和符号（如=、-、>、<）组成的数学式子。

分子（numerator） 分数线上面的数字。

单位分数（unit fraction） 把一个整体平均分为若干份，表示其中的一份的分数。

$\dfrac{2}{3}$ ◄—— 分子
◄—— 分母

$\dfrac{1}{6}$ ◄—— 单位分数

$\dfrac{2}{3} = \dfrac{4}{6}$ ◄—— 等价分数

$3\dfrac{3}{4}$ ◄—— 带分数

分数表

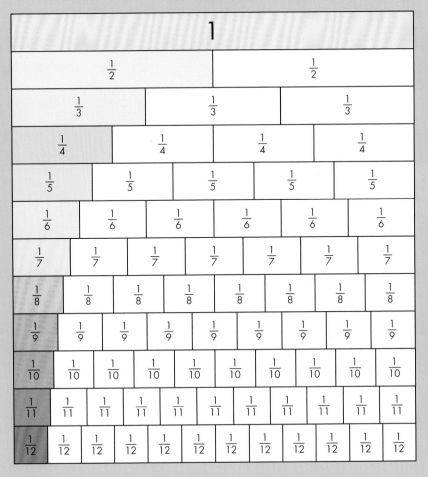

动物园之旅

学校组织同学们出去玩。二年级有4个班，每班有25个学生。4个班都要去动物园！

今天由桑迪亚哥先生带队。4个班所有的学生今天都出席了，没有人缺席。这意味着100名学生都要去旅行。换句话说，二年级中百分之百的学生都要去。**百分比**的**符号**是%。我们可以把百分之百写作"100%"。

拓展

请你回忆一下，你们班有没有100%的同学都参加的活动呢？

这个表格代表班里所有的同学。100个格子都被填满了。▶

1	11	21	31	41	51	61	71	81	91
2	12	22	32	42	52	62	72	82	92
3	13	23	33	43	53	63	73	83	93
4	14	24	34	44	54	64	74	84	94
5	15	25	35	45	55	65	75	85	95
6	16	26	36	46	56	66	76	86	96
7	17	27	37	47	57	67	77	87	97
8	18	28	38	48	58	68	78	88	98
9	19	29	39	49	59	69	79	89	99
10	20	30	40	50	60	70	80	90	100

学生们今天不上课，他们要去动物园！

百分比是什么

两辆公交车载着学生们去动物园。每辆公交车可以容纳50个学生。这意味着100个学生中，50个学生乘坐一辆公交车，另外50个学生乘坐另一辆公交车。

每辆公交车有100个学生中的50个，或者说全部学生的50%。

术语"百分之多少"意味着"100中的多少"。例如，百分之一意味着100中的1。

拓 展

如果100个学生中的50个是男生，那么男生占全部学生的百分之多少？

每辆车可以坐下全部学生的一半或50%。

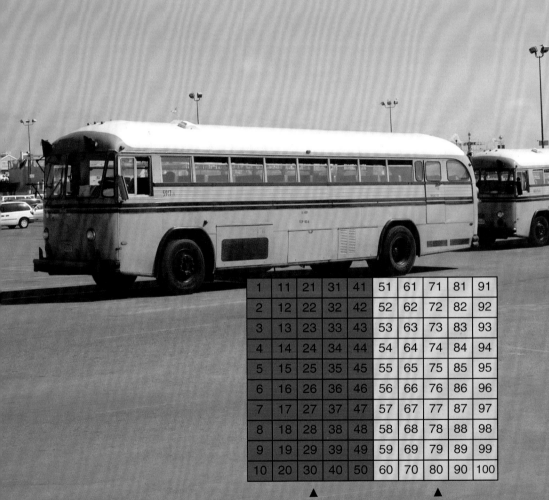

1	11	21	31	41	51	61	71	81	91
2	12	22	32	42	52	62	72	82	92
3	13	23	33	43	53	63	73	83	93
4	14	24	34	44	54	64	74	84	94
5	15	25	35	45	55	65	75	85	95
6	16	26	36	46	56	66	76	86	96
7	17	27	37	47	57	67	77	87	97
8	18	28	38	48	58	68	78	88	98
9	19	29	39	49	59	69	79	89	99
10	20	30	40	50	60	70	80	90	100

▲
第一辆公交车上的50个学生。

▲
第二辆公交车上的50个学生。

25%

学生们到达动物园。100个学生中25%的学生想先看猴子，其他学生想先看大猩猩。

当我们说25%的学生时，我们的意思是100个学生中的25个。

1	11	21	31	41	51	61	71	81	91
2	12	22	32	42	52	62	72	82	92
3	13	23	33	43	53	63	73	83	93
4	14	24	34	44	54	64	74	84	94
5	15	25	35	45	55	65	75	85	95
6	16	26	36	46	56	66	76	86	96
7	17	27	37	47	57	67	77	87	97
8	18	28	38	48	58	68	78	88	98
9	19	29	39	49	59	69	79	89	99
10	20	30	40	50	60	70	80	90	100

▲ 25%的学生想先看猴子。

拓展

上面的表格中的红色部分表示25%的学生想先看猴子。如果100个孩子中的75个想先看大猩猩，这些孩子所占百分比是多少？

占百分比较大的学生想先看大猩猩，占百分比较小的学生想先看猴子。

75%

在看完猴子和大猩猩之后，学生们再次汇合。100个学生中的75%选择接下来参观爬行动物馆，其他学生想去看海狮，因为已经快到海狮的喂食时间了，应该会很有趣。

1	11	21	31	41	51	61	71	81	91
2	12	22	32	42	52	62	72	82	92
3	13	23	33	43	53	63	73	83	93
4	14	24	34	44	54	64	74	84	94
5	15	25	35	45	55	65	75	85	95
6	16	26	36	46	56	66	76	86	96
7	17	27	37	47	57	67	77	87	97
8	18	28	38	48	58	68	78	88	98
9	19	29	39	49	59	69	79	89	99
10	20	30	40	50	60	70	80	90	100

▲ 75%的学生想看爬行动物。

拓展

100个学生中的75%去看爬行动物，那么有多少个学生去爬行动物馆呢？

想看爬行动物的学生比想
看海狮的学生多。

午餐时光

学生们饿了。桑迪亚哥先生看了看时间，该吃午餐了！于是他们走进了一家饭店。佩德罗和杰西卡想分享一张比萨，也就是他们每个人将会吃到一张比萨的一半，也就是**二分之一**。或者可以说是一张比萨的50%。

50%也能写作一个**分数**。要把百分数写成分数，就要把%这个符号移走，并把数字"50"写在"100"上方。50%可以写成$\frac{50}{100}$。

学生们的比萨被切成了两个相等的部分。每一部分都是整张比萨的一半。这意味着他们每人得到两个相等部分中的一个，也就是一个比萨的$\frac{1}{2}$。

拓展

想象你正在吃午餐。你的三明治被切成两个相等的部分。你吃了其中的一部分，你吃掉的部分占整个三明治的百分比是多少？

一半　一半

$$50\% + 50\% = 100\%$$
$$\frac{1}{2} + \frac{1}{2} = 1$$

整张比萨可以用100%来表示。你觉得你能吃掉100%的比萨吗？

蝴蝶

午餐过后，学生们很快离开饭店，去参观蝴蝶**展会**。这里总共有100只蝴蝶！学生们看到了4种不同的蝴蝶。25%是黑脉金斑蝶，25%是小芑麻赤蛱蝶，25%是菜粉蝶，25%是巨燕尾蝶。

100只蝴蝶被分成数量相等的4个组。每组的蝴蝶数量是蝴蝶总数量的25%，或 $\frac{25}{100}$。我们也把它称作**四分之一**，因为它是4个相等部分中的一部分。所以，$\frac{25}{100}$ 也被写作 $\frac{1}{4}$。

拓 展

展会上有100只蝴蝶，其中25只是黑脉金斑蝶。黑脉金斑蝶占展会蝴蝶总数的百分比是多少？

100%

25%　　25%　　25　　25%

黑脉金斑蝶　　小苎麻赤蛱蝶　　菜粉蝶　　巨燕尾蝶

$\dfrac{25}{100}$ 也被写作 $\dfrac{1}{4}$。

骑骆驼

最后的活动安排是参观骆驼。这是一个非常特殊的活动，因为学生们可以骑上骆驼！75%的学生想骑骆驼，其他同学想在大树下休息。

75%也被写作分数$\frac{75}{100}$。我们也称这个数字为**四分之三**，即$\frac{3}{4}$代表4个相等部分中的三部分。

拓展

想象一张圆比萨被分成了一模一样的4块。如果某人拿走其中一块，还剩下$\frac{3}{4}$会是什么样的？画出比萨的四分之三，这四分之三的比萨所占的百分比是多少？

1	11	21	31	41	51	61	71	81	91
2	12	22	32	42	52	62	72	82	92
3	13	23	33	43	53	63	73	83	93
4	14	24	34	44	54	64	74	84	94
5	15	25	35	45	55	65	75	85	95
6	16	26	36	46	56	66	76	86	96
7	17	27	37	47	57	67	77	87	97
8	18	28	38	48	58	68	78	88	98
9	19	29	39	49	59	69	79	89	99
10	20	30	40	50	60	70	80	90	100

你想骑骆驼吗?

你百分之百确定吗?

估 计

在走向公交站的路上，学生们看到了一个冰淇淋摊位，他们停了下来，想买冰淇淋吃。这里有两种口味的冰淇淋：香草口味和巧克力口味。佩德罗估计100个孩子中的75个会选择巧克力口味的冰淇淋。**估计**就是人们运用已知的事情做的猜测。然而，杰西卡估计25个孩子会选择巧克力口味的。你认为谁的估计数量更接近正确答案？

佩德罗是正确的！四分之三的孩子选择了巧克力口味。

拓 展

选择巧克力口味冰淇淋的学生们所占总人数的百分比是多少？选择香草口味冰淇淋的学生占总人数的百分比是多少？

四分之三的孩子选择了巧克力口味的冰淇淋。请你用百分数和分数写下这个结果。

回学校

学生们要回学校了，他们谈论着旅行中他们最喜欢的环节，并使用**计数标记**来记录每个人最喜欢的环节。

75个学生说自己最喜欢骆驼，这意味着75%的人说骑骆驼是他们最喜欢的部分。有的学生说他们最喜欢冰淇淋，但他们只是在开玩笑！

学生们进行了一次投票，100%的学生表示参观动物园很开心！

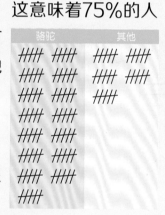

拓展

100个学生中有10个认为蝴蝶展厅是他们旅行中的最喜欢的环节。那么选择蝴蝶展厅的学生占总人数的百分比是多少？

动物园之旅令100％的人开心！你可以使用之后页面上的术语来全面回顾它。

你在动物园是否玩得开心？

是	不是
//// ////	
//// ////	
//// ////	
//// ////	
//// ////	
//// ////	
//// ////	
//// ////	
//// ////	
//// ////	

69

术语

估计（estimate） 有根据地猜测或做出有根据的猜测。

展会（exhibit） 陈列某物供人观看的展览会。

分数（fraction） 把一个整体分成若干等份，表示其中一份或几份的数。

四分之一（one-fourth，$\frac{1}{4}$） 表示一个整体被分成4个等份的其中一部分。

二分之一（one-half，$\frac{1}{2}$） 表示一个整体被分成两等份的其中一部分。

百分比（percent） 用百分率表示的两个数的关系。

符号（symbol） 数学中有意义的标记。

计数标记（tally mark） 能够被数出来展示数字的线，比如可以用"⧀⧀"计数或用"正"字计数。

四分之三（three-fourth，$\frac{3}{4}$） 表示一个整体被分成4个等份的其中三部分。

one hundred percent
100%

1	11	21	31	41	51	61	71	81	91
2	12	22	32	42	52	62	72	82	92
3	13	23	33	43	53	63	73	83	93
4	14	24	34	44	54	64	74	84	94
5	15	25	35	45	55	65	75	85	95
6	16	26	36	46	56	66	76	86	96
7	17	27	37	47	57	67	77	87	97
8	18	28	38	48	58	68	78	88	98
9	19	29	39	49	59	69	79	89	99
10	20	30	40	50	60	70	80	90	100

fifty percent
50%

1	11	21	31	41	51	61	71	81	91
2	12	22	32	42	52	62	72	82	92
3	13	23	33	43	53	63	73	83	93
4	14	24	34	44	54	64	74	84	94
5	15	25	35	45	55	65	75	85	95
6	16	26	36	46	56	66	76	86	96
7	17	27	37	47	57	67	77	87	97
8	18	28	38	48	58	68	78	88	98
9	19	29	39	49	59	69	79	89	99
10	20	30	40	50	60	70	80	90	100

$$\frac{1}{2}$$

seventy-five percent
75%

1	11	21	31	41	51	61	71	81	91
2	12	22	32	42	52	62	72	82	92
3	13	23	33	43	53	63	73	83	93
4	14	24	34	44	54	64	74	84	94
5	15	25	35	45	55	65	75	85	95
6	16	26	36	46	56	66	76	86	96
7	17	27	37	47	57	67	77	87	97
8	18	28	38	48	58	68	78	88	98
9	19	29	39	49	59	69	79	89	99
10	20	30	40	50	60	70	80	90	100

$$\frac{3}{4}$$

twenty-five percent
25%

1	11	21	31	41	51	61	71	81	91
2	12	22	32	42	52	62	72	82	92
3	13	23	33	43	53	63	73	83	93
4	14	24	34	44	54	64	74	84	94
5	15	25	35	45	55	65	75	85	95
6	16	26	36	46	56	66	76	86	96
7	17	27	37	47	57	67	77	87	97
8	18	28	38	48	58	68	78	88	98
9	19	29	39	49	59	69	79	89	99
10	20	30	40	50	60	70	80	90	100

$$\frac{1}{4}$$